イネ・米・ごはん大百科

監修 辻井良政
佐々木卓治

1

日本の
米づくりと
環境

イネ・米・ごはん大百科
① 日本の米づくりと環境

もくじ

ぼくたちといっしょに
米づくりについて学ぼう！

お米博士　ダイチ　メグミ

この本の特色と使い方

●『イネ・米・ごはん大百科』は、お米についてさまざまな角度から知ることができるよう、テーマ別に6巻に分け、体系的にわかりやすく説明しています。

●それぞれのページには、本文や写真・イラストを用いた解説のほかに、コラムや「お米まめ知識」があり、知識を深められるようになっています。

●本文中で（➡○巻p.○）とあるところは、そのページに関連する内容がのっています。

●グラフや表には出典を示していますが、出典によって数値が異なったり、数値の四捨五入などによって割合の合計が100%にならなかったりする場合があります。

●1巻p.44〜45で、お米の調べ学習に役立つ施設やホームページを紹介しています。本文と合わせて活用してください。

●この本の情報は、2020年2月現在のものです。

コラム
もっと知りたい！
重要な内容や用語を掘り下げて説明しています。

本文
各ページのテーマにそった基本的な内容をまとめてあります。

お米まめ知識
学習の補足や生活の知恵など、知っていると役立つ情報をのせています。

写真・イラスト解説
写真やイラストを用いて本文を補足しています。

コラム
米づくりのくふう
農家の人たちや企業のくふう、努力など、具体的な例を紹介しています。

お米はどうして日本の「主食」なの?

みんなはお米や田んぼのこと、どれくらい知っているかな?

ぼく、お菓子食べる!

わたしも〜!

だめだめ! ダイチもメグミもちゃんとごはんを食べないと!

はい
おにぎり

そうだぞー
ごはんを食べないと
元気が出ないぞ
ごはんが主食なんだから

主食ってなーに?

なんだメグミ
主食も知らないのか?

いいか
主食っていうのは
えーっと

…なんだろ?

「主食」とは、毎日の食事のなかで中心となる食べもののことだよ

だれ!?

4

わたしはお米博士！

今、お米の話をしてたでしょ

主食の話ならしてたけど

そう
主食になるのは穀物

日本の主食はお米だよ

お米は栄養があって人のからだを動かして生活していくための

エネルギーになるから主食なんだよ

みんなでいつでも
食べられるようにするには
たくさん収穫できて
保存ができないといけないけれど

お米はその条件にぴったりなんだ

お米って
畑で育つの？

お米はイネという植物の実で田んぼで育つよ

どうして畑ではなく田んぼなのかな？

お米や田んぼには
いろいろな
ひみつがあるよ

いっしょに
そのひみつを
さぐってみよう！

まずはしっかり
ごはんを食べてからね

はーーい

5

お米は日本の主食

お米は日本の主食として、ほぼ毎日食べられています。
お米が主食であるのには、さまざまな理由があります。

❶ 生きていくための
エネルギー源になる主食

　ふだんの食事で中心となる食べもののことを
「主食」といいます。主食の大きな役割は、わた
したちがからだを動かし、生活をしていくための
エネルギー源になることです。

　わたしたち日本人の主食はお米です。お米は、
約78%が「炭水化物（糖質）」でできていて（➡
5巻 p.6~7）、たとえば、白米のごはんを茶わん
1杯（150g）食べると、252kcal のエネルギー
を得ることができます（➡5巻 p.21）。また、
お米にふくまれる炭水化物は「デンプン」という
種類で、からだの中で分解されて「ブドウ糖」と
いう成分になります。ブドウ糖は、さまざまな栄
養のなかでただひとつ、脳に届き脳を働かせるエ
ネルギー源となります。

※「kcal」はエネルギーの単位で、1kcalは1Lの水の温度を1℃上げるために
必要なエネルギー。

ごはんを食べないと
元気が出ないんだね

脳に栄養が
いかないから
集中力が低下したり
イライラしやすく
なったりもするんだよ

日本の風土に合うお米

主食は、ただエネルギー源になればよいというものではありません。多くの人たちが欠かすことなく食べられるよう、その地域で栽培しやすく、だれでも手に入れやすいものでなくてはなりません。こうした条件を満たすのが、お米のほか、小麦、トウモロコシなどの「穀物」です。

小麦はアメリカ合衆国やヨーロッパの国ぐにの主食です。おもに、粉にしてからパンやパスタなどにして食べます。トウモロコシは中南米やアフリカの国ぐにの主食で、多くは煮たり、粉にして薄いパンのようにして焼いたりして食べます。

お米はアジアの国ぐにを中心に、おもに粒のまま加熱して食べられています。とくに日本は、暖かく雨が多い気候や、昼と夜の気温の差が大きいところが米づくりに適していて（➡p.24）、全国で栽培され食べられています。

日本では
ずっと昔の縄文時代から
お米を食べていたんだよ
（➡6巻）

主食になるおもな条件

その国や地域の気候や
風土に合っていて、
栽培しやすい

1年を通して
食べても飽きない

一度にたくさんの量を
収穫することができる

主食となる
おもな穀物

お米

小麦

トウモロコシ

手ごろな価格で
販売・購入することが
できる

長期間保存して
おくことができる

炭水化物をはじめとする
栄養分を豊富に
ふくんでいる

 お米
まめ知識

お米は、日本以外にも東南アジアの国ぐにでよく食べられているよ。ひとり当たり1日のお米の消費量のナンバーワンはバングラデシュ（470g）なんだ（2013年国際連合食糧農業機関調べ）。

お米はイネという植物の実

わたしたちが毎日のように食べているお米は植物の実です。
どんな植物の実で、どのようにお米のすがたになるのでしょうか。

1株から1500〜2000粒のお米がとれる

お米は、イネという植物が生長してできる実の部分です。わたしたちはこのイネを田んぼで栽培し、実を収穫して食べています。

イネ1株（苗3〜4本分）から、1500〜2000粒の実がとれ、これを炊く（➡5巻p.14〜15）と茶わん半分くらいのごはんになります。

イネ2株から
茶わん1杯分
ごはんを食べるための
実がとれるんだね

イネからお米へ

収穫したばかりのイネの実は「もみ」（➡2巻p.8）といい、殻が付いた状態です。もみの殻を取りのぞく「もみすり」をすると、お米は「玄米」というぬかが残ったお米になります。さらに、ぬかを取りのぞく「精米」をすると、ふだん食べている白いお米「白米」になります（➡5巻p.11）。このお米の白い部分は「胚乳」といって、ここにわたしたちのエネルギー源となるデンプン（➡p.6）がたくさんふくまれているのです。

人はからだの中で
栄養をつくり出すことが
できないから
食べものを食べることで
栄養をからだの中に
とり入れるんだよ

もっと知りたい！ お米にはどうしてデンプンがふくまれているの？

イネをはじめ植物は、自分が生長するための養分をつくり出すために「光合成」をおこなっています。光合成は、葉の細胞の中にある葉緑体というところでおこなわれ、日光と根から吸い上げた水分、空気中から取り入れた二酸化炭素によって養分をつくり出し、酸素を排出します。この養分がまさにデンプンです。デンプンはやがて実にたくわえられ、この実が種となり、次に発芽するときの養分となります。

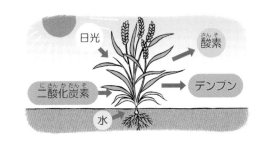

日光　酸素
二酸化炭素　デンプン
水

もみ

かたい殻におおわれているので、そのままでは食べられないが、長期間保存できる。

もみすり

玄米

殻を取りのぞき、ぬかが残っている状態のお米で、黄みがかった色をしている。ぬかの部分にもビタミンB₁という栄養がふくまれている（➡5巻p.21）。

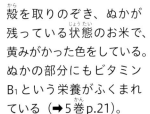

白米

殻とぬかがなくなり、胚乳だけが残った状態のお米。まっ白で、炊くとやわらかくなる。

精米

お米まめ知識　毎日の食事のことを「飯」「ごはん」ともいうね。「飯」も「ごはん」も、もともとはお米を炊いたもののことをさしていたけれど、食事の中心になるものだから、食事の代名詞になったんだね。

イネの種類

イネにはいろいろな種類があります。 わたしたちがふだん
食べているお米は、どんな種類のイネのものでしょうか。

アジアで栽培されている イネは3種類

イネには、野生で育つものと栽培されているものがあります。そのうち栽培されているものは、大きく「アフリカイネ」と「アジアイネ」の2種類に分けられます。

アフリカイネは、アフリカ西部のニジェール川流域で栽培されているイネで、3500年前から栽培されていると考えられています。一方、アジアイネは、アジアを中心に世界の多くの国ぐにで栽培されているイネです。もともとは、中国の長江（揚子江）流域に野生で生えていたものが栽培されるようになり、世界中に広がったと考えられています。

アジアイネは、さらに細かく「インディカ米（インド型）」「ジャポニカ米（日本型）」「ジャバニカ米（ジャワ型）」の3種類に分けられます。

わたしたち
日本人が食べているのは
ジャポニカ米という
種類のお米だよ

アジアイネの種類と栽培されている地域

インディカ米

おもにインドや中国南部、東南アジアなどで栽培されていて、ヨーロッパや南北アメリカにも伝わっている。イネの背丈は高く、たくさんの実が付く。お米の粒は細長く、炊くとねばりけが少なくややかためのごはんになる。

イネの特ちょうや
お米の粒のかたちなどに
ちがいがあるんだよ

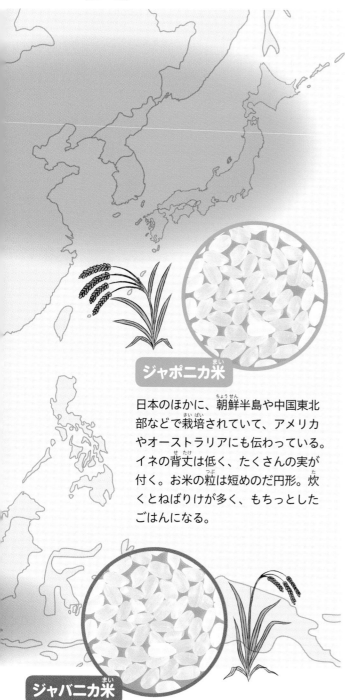

ジャポニカ米

日本のほかに、朝鮮半島や中国東北部などで栽培されていて、アメリカやオーストラリアにも伝わっている。イネの背丈は低く、たくさんの実が付く。お米の粒は短めのだ円形。炊くとねばりけが多く、もちっとしたごはんになる。

ジャバニカ米

東南アジアの一部の地域で栽培されていて、中央アメリカやヨーロッパの一部の地域にも伝わっている。イネの背丈は高く、実の量は少ない。お米の粒はやや大きめで、ジャポニカ米とインディカ米の中間の長さ。炊くとあっさりとした味で、ねばりけのあるごはんになる。

○ 色の付いたお米もある

わたしたちがふだん食べているお米は、玄米の状態のとき黄みがかった色をしていますが、玄米が赤や黒、緑色のお米もあります。これらは「古代米」や「有色素米」とよばれていて、ごく一部の地域で伝統的に栽培されています。

▲赤米のイネ。稲穂の一部分に赤い色が付いている。　▶赤米の玄米。

もっと知りたい！ イネ科の植物

　イネのほかに、世界の主食として食べられている小麦や大麦、トウモロコシ、また雑穀として食べられているキビやアワ、ヒエもイネ科の植物です。

　なかでもイネと小麦、トウモロコシは「世界三大穀物」とよばれています。

小麦
中国、インド、ロシア、アメリカ合衆国を中心に、世界のすずしい気候の国ぐにで栽培されている。穀類のなかで2番目に生産量が多い。

トウモロコシ
アメリカ合衆国、中国、南アメリカを中心に、世界中で栽培されている。穀類のなかで生産量がもっとも多い。

イネは田んぼで育つ

イネの多くは、ほかの野菜などの作物とはちがい、
田んぼで育てます。それには理由があります。

⓪ 初夏から秋にかけて 栽培されている

日本をはじめアジアの多くの国ぐにで、イネは水を張った田んぼ（水田）で栽培します。この田んぼで栽培するイネを「水稲」といいます。

畑ではなく田んぼで育てると、よいことがいくつかあります。ひとつは、田んぼでは畑とくらべて雑草が生えにくいということです。雑草の多くは、田んぼでは水が張ってあるので根がくさってしまいうまく育ちません。

また、田んぼには絶えず水が引きこまれています。この水は、雨などが山にしみこみ栄養をたっぷりふくんで流れてくるもので、このおかげで、イネにはいつも栄養がいきわたります。畑では、同じ作物を何年も続けてつくると、害虫が増えたり土の養分が足りなくなったりして作物が育ちにくくなりますが、この水のおかげで、田んぼではそれが起こりにくくなっています。

イネの根と茎のつくり

イネは、根や茎の中に酸素の通り道（通気孔）があり、イネ全体に酸素を送る役割をしています。そのため、酸素が少ない水の中でも育つことができます。ほかに水や養分の通り道もあり、イネは酸素や水、養分を全体にいきわたらせながら生長します。

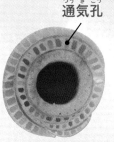

通気孔

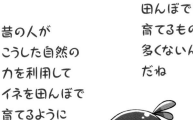

▲イネの茎の断面図。あながあいたように見えるところが通気孔。

◀イネは田んぼの水を根から吸い上げ、余分な水は葉から外へと捨てている。葉に付いた水滴がイネから排出された水分。

昔の人がこうした自然の力を利用してイネを田んぼで育てるようになったんだよ

作物のなかで田んぼで育てるものは多くないんだね

＼ 畑で栽培するイネもある ／

東南アジアやアフリカには、「陸稲」とよばれる畑で栽培するイネがあります。日本でも、茨城県や栃木県など一部の地域で陸稲が栽培されています（➡ p.32）。

陸稲栽培

陸稲は、水の確保がむずかしい地域などで栽培されている。種を直接畑にまくため、水稲の栽培とくらべ田植えなどの手間がかからないが、肥料を水稲よりもたくさんあたえなくてはならないなどの大変さもある。日本ではおもに、もち米（もち用の品種）が栽培されている。

▲実りの時期をむかえた陸稲。

13

田んぼを取り巻く環境

田んぼは人間の手によってつくられた農地ですが、
まわりの自然環境と深いつながりを持っています。

○ 田んぼの風景をつくる 川と山

イネは、水をためた田んぼで育ちます。そのため、多くの田んぼは水を取りこみやすい川の近くにつくられています。

田んぼに川の水を利用するのには、ほかにも理由があります。川を流れる水の源は、山に降った雨が土にしみこんだ地下水です。川の水を取りこむことで、土にふくまれる豊かな栄養分を田んぼに運ぶことができます。

このように、田んぼとまわりの環境には深いつながりがあり、自然のめぐみを生かしてイネの栽培がおこなわれているのです。

水田をかこむ山やま

山に降り注いだ雨は、土にしみこんでいったん地下水としてたくわえられる。やがて土の栄養分を豊富にふくんだ水として地上にわきでて、川の水となる。

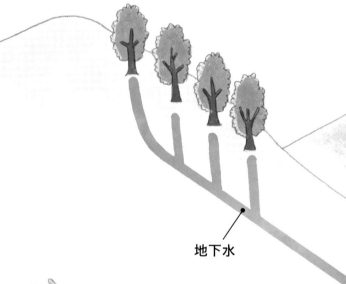

地下水

田んぼが織り成す 日本らしい風景

田んぼで栽培されるイネや水辺にすむ生きものたちは、季節ごとにすがたを変える。四季にめぐまれた日本ならではの自然の美しさを味わうことができる。

米づくりの くふう　地形を生かしてつくられた棚田

日本は国土がせまいため、平地だけでなく、山の斜面を利用した「棚田」で米づくりが行われている地域もあります。棚田は田んぼが階段状にならんでいますが、そのひとつひとつ小さく、かたちも不ぞろいなため、機械を使って農作業をすることがむずかしく、ほとんど手作業でおこなわれています。

(写真：石川県輪島市)

▶斜面に連なる田んぼの数が多いものは「千枚田」とよばれる。写真は、日本海に面して棚田が連なる白米千枚田（石川県輪島市）。

米づくりに欠かせない 水を取り入れる川

川から水を取り入れることで、山の土の栄養分をふくんだ水が田んぼに流れこみ、おいしい米をつくってくれる。

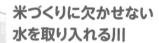

安定した米づくりを 支える平地

高低差のない平らな土地に田んぼをつくることで、農作業に大型機械を取り入れることができる。作業を機械化することで効率が上がり、お米の収穫量を増やすことができる。

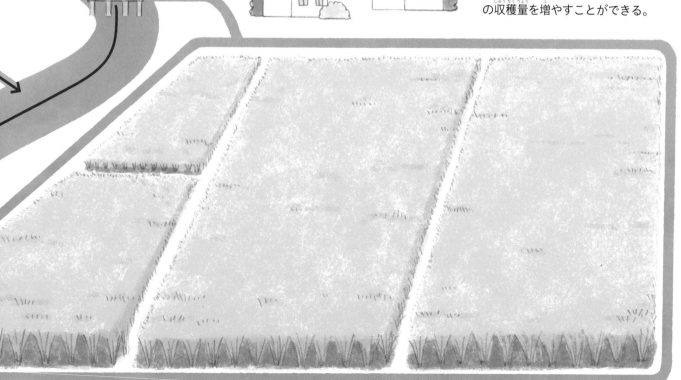

15

田んぼの役割

田んぼは、おいしいお米をつくるほかに、
国土を守り、わたしたちのくらしを支える働きも担っています。

国土を守ってくれる田んぼ

日本は世界でも有数の森林国といわれ、国土の約7割を山地がしめています。そのため、大雨や地震などの自然災害が起こると、土砂くずれや洪水に見舞われる危険があります。

しかし、山の斜面に棚田（➡ p.15）をつくる

ことで、強い雨でも土砂が流れ出しにくくなります。また、田んぼはダムのように水をたくわえる機能を持っているため、大雨のときには川が一気に増水するのを防ぎ、暑い夏には気温が上がるのをおさえてくれます。

田んぼがあることで、わたしたちの国土が守られ、人間にとって快適な環境が保たれているのです。

役割 1 水をたくわえ、水害をふせぐ

田んぼは「あぜ（➡2巻 p20)」という仕切りで囲まれているため、水をためることができる。

日本は雨が多い国で、年間平均降雨量は1874mm（2019年気象庁調べ）と、世界平均（1171mm、2017年国際連合食料農業機関調べ）の1.7倍にあたる。大雨が降ると、雨水が川に急激に流れこみ、洪水を引き起こす危険性もある。しかし、田んぼがあることで雨が一時的にたくわえられ、洪水を防ぐことができる。

日本全国の田んぼにためられている水の量を合計すると、およそ81億tにもなるといわれていて、これは日本全国のダムがためておける水の量の約3.4倍にあたるよ

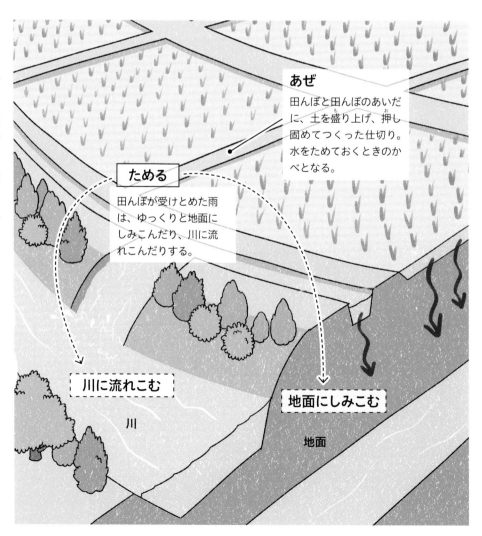

あぜ
田んぼと田んぼのあいだに、土を盛り上げ、押し固めてつくった仕切り。水をためておくときのかべとなる。

ためる
田んぼが受けとめた雨は、ゆっくりと地面にしみこんだり、川に流れこんだりする。

川に流れこむ

地面にしみこむ

川

地面

役割 2 土砂くずれを防ぐ

日本は山地が多いため、降った雨が山の斜面を伝って地面にしみこみ、地盤がゆるんで土砂くずれやがけくずれが発生することも少なくない。

山の斜面に棚田（→p.15）をつくることで、雨水が斜面よりもゆっくりと下降し、土砂が流れ出にくくなる働きがある。

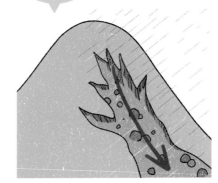

水田がないと 雨が一気に斜面を流れるので、土砂くずれが起きやすい。

水田があると 雨が階段状の田んぼをゆっくり流れるので、土砂くずれが起きにくい。

役割 3 気温を調節する

田んぼ一面にめぐらされた水は、夏は太陽に照らされて大量に蒸発する。水は蒸発するときにまわりの空気を冷やすので、気温が上がりすぎるのをおさえる働きがある。

水田は天然のクーラーのような役割を果たしているよ

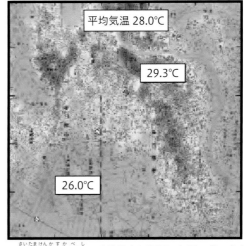

（℃）
29.5
29.0
28.5
28.0
27.5
27.0
26.5
26.0

平均気温 28.0℃

29.3℃

26.0℃

▲埼玉県春日部市の市街地と田周辺の気温の差のようす（2004年）。市街地と田んぼの周辺では、気温差が3.3℃もあることがわかる。

（写真：農林水産省）

役割 4 生活用水になる

田んぼの水の一部は、ゆっくりと地下にしみこみ、地下水となり、生活用水や工業用水などとして、わたしたちのくらしのなかで利用される。

田んぼの水にふくまれるごみや汚れは、土にしみこむ過程でろ過（液体にまざっている余分なものを取りのぞくこと）され、きれいな地下水となる。

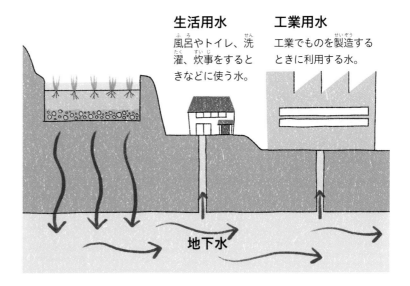

生活用水 風呂やトイレ、洗濯、炊事をするときなどに使う水。

工業用水 工業でものを製造するときに利用する水。

地下水

お米まめ知識 地面の下の地下水が少なくなると、地面がしずんでしまう「地盤沈下」が起きやすくなるんだ。田んぼは地下水もたくわえるから、地盤沈下を防いでいるといえるよ。

田んぼが育む生態系

田んぼはイネだけではなく、さまざまな生きものがくらす場所です。
そして、それぞれがつながり合って生態系をきずいています。

○ 水田の生きものたちの 命のつながり

田んぼの水の中には、さまざまな種類の生きものたちがくらしています。メダカやドジョウなどの魚類、ヤゴやゲンゴロウなどの水生昆虫、ザリガニやスジエビなどの甲殻類、タニシなどの貝類などがくらしていて、それらをねらってカエルなどの両生類、ヘビなどのは虫類、サギなどの鳥類も集まってきます。

これらの生きものは「食べる」「食べられる」関係でつながっていて、このような命のつながりを「食物連鎖」といいます。そして、自然環境とそこでくらす生きものたちのまとまりを「生態系」とよんでいます。田んぼはイネを育てるために人間の手でつくられた環境ですが、たくさんの生きものたちが集まって豊かな生態系がきずかれています。

生きもの同士のつながりは微妙なバランスで成り立っているから、病害虫を減らすために農薬を使いすぎてしまったり、用水路を使いやすく整備しようとコンクリート化してしまったりすると、ある生きものが生きていけなくなり、まわりの生きものに影響をあたえてしまうよ。

水田の生態系の例

イネは微生物が分解した土の中の栄養分を吸収して生長する。

生きものの
死がいやフン

微生物
死がいやフンを、チッソやリン酸、カリ（カリウム）などに分解する。これが水や土の栄養分となる。

← 栄養分

栄養分

田んぼでくらす生きものの種類

　田んぼにはさまざまな種類の生きものたちがくらしています。ここでは、田んぼの生きもののなかま分けと代表的な種を紹介します。

[鳥類] サギのなかま

長いくちばしを水につけて小動物をつかまえる。

[魚類] メダカ

動物性のプランクトンを食べる。

[は虫類] シマヘビ

水面を泳ぐこともできる。カエルなどを食べる。

[両生類] オタマジャクシ（カエルの子ども）

成長すると陸に上がる。水草などを食べる。

[甲殻類] アメリカザリガニ

水草から魚まで何でも食べる。

[昆虫] ヤゴ（トンボの幼虫）

成長すると水から出て、脱皮してトンボになる。虫や小魚を食べる。

[貝類] タニシ

水中の石などに付いた藻を食べる。

サギ
カエルや魚などをとらえて食べる。

カエル
ヤゴなどをとらえて食べる。

食べられる

食べられる

プランクトン
微生物が分解した水の中の栄養分を吸収して成長する。

メダカ
プランクトンやボウフラなどを食べる。

ヤゴ（トンボの幼虫）
メダカやオタマジャクシなどを食べる。

食べられる

食べられる

19

田んぼと人びとのくらし

北から南まで、多くの地域で米づくりがさかんな日本。
田んぼとともにあった人びとのくらしを見てみましょう。

人びとのくらしを支える 田んぼのめぐみ

米づくりは、昔から人びとのくらしと深くつながっています。大人たちは毎日のように田んぼで汗を流し、子どもたちは田んぼのまわりを遊び場にして自然とのつながりを学んでいました。

また、田んぼから得られる実りもくらしに欠かせない資源となっていました。お米だけではなく、ぬかやわら（➡ 3 巻 p.12）をむだなく使い、イネをまるごとくらしに役立ててきました。ほかにも、毎年決まった時期におこなわれる年中行事（➡ 5 巻 p.26 〜 27）や、地域の人びとに愛される郷土料理（➡ 5 巻 p.28 〜 29）にも、お米と人びととの深いつながりを見ることができます。

農家のくらしを支える田んぼ

米づくりをおこなう農家では、1 年のくらしのサイクルが米づくりを中心に回っている。冬は次の年の米づくりに備え、春は種もみから苗を育てる。夏になると田んぼでイネを育て、秋には待ちに待った収穫のときををむかえる。そして、田んぼから得た実りが、農家の人びとのそこから先の 1 年のくらしを支えている（➡ 2 巻 p.6 〜 7）。

もっと知りたい！ あますことなく利用できるイネ

昔は、秋にお米を収穫し終えると、わらを編んで衣類やはきものをつくり、冬支度をしていました。わらは屋根の材料にしたり、かまどでごはんを炊くときの燃料にしたりもしました。

また、玄米を白米にするとき（➡ p.9）に取りのぞく「ぬか」にふくまれる成分は、からだを洗ったり、床をみがいたりするときに役立ちます。ぬかを発酵させてつくる「ぬか漬け」も昔から食べられてきました。

このように、人びとは昔から、イネをまるごとくらしに役立てていたのです。

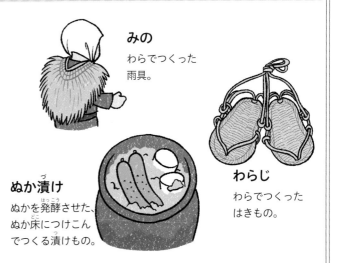

みの
わらでつくった雨具。

わらじ
わらでつくったはきもの。

ぬか漬け
ぬかを発酵させた、ぬか床につけこんでつくる漬けもの。

田んぼは遊び場で学校

田んぼは、食べものをつくるだけでなく、四季の風景を楽しんだり、豊かな生態系に触れ合ったりすることができる場所でもある。田んぼのまわりをかけ回り、ときには田んぼに入ってどろだらけになって遊ぶことで、自然とのつながりを学ぶことができる。

お米はどこで つくられているの？

みんなの住んでいる
地域（ちいき）では、お米が
つくられているのかな？

すご～い！
これ全部田んぼ？

白米千枚田（しろよねせんまいだ）（石川県輪島市（いしかわけんわじまし））

「千枚田（せんまいだ）」といって
小さな田んぼが
1004枚（まい）も
連なっているんだ

棚（たな）のように斜面（しゃめん）を
おおっているから
「棚田（たなだ）」ともよばれるね

あっ、お米博士（はかせ）！

ぱっ

田んぼは平地に
あるだけじゃないんだね

そうなんだ

昔の人たちは
お米をつくるために
山の斜面（しゃめん）も切り開いて
田んぼにしたんだよ

米づくりに適した環境

イネのふるさととされる湖南省は、夏は暑く、冬は寒くなりすぎない「亜熱帯」という気候です。日本の気候もイネの栽培に適しています。

日本の環境と米づくりのくふう

亜熱帯原産のイネは、暖かく、雨が多い地域で育ちやすい植物です。温暖で、雨が多い西日本の気候は、米づくりに合っていました。中国大陸から九州に伝わった稲作は、東海地方へと広がりました。田んぼに水をはるには、土地が平らでないとむずかしいので、平野での栽培が中心でした。

南北に長い日本列島は、山が多く、広い平野は多くはありません。また、北海道と沖縄では年平均気温に14.2℃も差があります。それでも日本各地でお米がつくられているのは、品種改良で、寒さや暑さに強いお米を生み出したり、山間部の斜面に長い時間をかけて、棚のように小さな田んぼを積み重ねたりと、人びとが知恵を出し合い、くふうと努力をしてきたからです。

米づくりに適した環境

水が豊富

田んぼでのお米づくりには、たくさんの水が必要になるため、雨や雪の多い日本の気候はお米づくりに適している。雨の少ない地域では、ため池をつくるなど、水を保つくふうをしている。

夏の昼間の気温が高い

イネは亜熱帯原産の植物なので寒さに弱く、夏、花が咲く時期の最低気温が低すぎるとうまく育たない。開花前約2週間の最低気温が17℃以下になるとお米が実らなくなる。

昼と夜の気温の差が大きい

昼間に太陽の光をたっぷりあびて光合成をしたイネは、夜、気温が低いと活動を止める。すると、光合成でつくられたデンプンがそのまま実にたくわえられるので、おいしいお米になる。

もっと知りたい！

日本の米どころ

米どころとよばれる場所の
特ちょうをくらべてみよう。

きみが昨日
食べたごはんの、
産地についても
調べてみよう！

庄内平野　山形県の庄内平野には、田んぼに水を引く用水路がはりめぐらされています。

南魚沼市　新潟県の南魚沼市は豪雪地帯で、春になると雪解け水が流れてきます。

▲鳥海山のふもとに広がる庄内平野。川から水を引きやすい場所から田んぼが広がっていった。

▲山に囲まれた盆地の田んぼ。南魚沼市の耕作地にしめる田んぼの面積は93.6％と高い。

　山形県の庄内平野には、付近の山やまから豊富な雪解け水が流れてきます。しかし、豊かな水があったとしても、水路をきずかなくては田んぼはつくれません。川より高い土地で水を得るため、用水路を整備して水田を増やしていきました。

　また、庄内平野は大昔は大きな潟湖でした。最上川を流れる土や砂がたまり、うめられてできた平野です。そのため水はけが悪く、生産性の低い「湿田」（1年中水をはったままの田んぼ）でお米を育てていました。明治時代に排水用の水路などを整備して、冬は田んぼの水をぬき、馬を使って耕す「乾田馬耕」にしたことで、収穫量がぐんとのびました。

　古くから品種改良に積極的に取り組んでいたことや、広い平野の区画整理をおこない、大型の機械などを使った効率的なお米づくりをしていることも特ちょうです。

　南魚沼市は新潟県南部の魚沼盆地にあります。新潟県では、のちに「コシヒカリ」と名づけられる品種の栽培に力を注ぐかどうか、まず県内各地で実験をおこないました。そのとき、県内のほかの地域より、南魚沼の試験地がよい結果を出しました。豊富な雪解け水があり、また雪解けがおそいために、ほかの地域とくらべて稲穂の出る時期がおそいことも有利に働きました。夏の暑さによる悪い影響が少なくてすむのです。高い山に囲まれていて、台風の被害にあいにくいことも、倒れやすいコシヒカリ栽培に向いていました。

　コシヒカリは品質と味のよさが高く評価されましたが、病気に弱く、茎が高くのびるため、倒れやすいという欠点がありました。しかし南魚沼の農家は、欠点を技術でおぎなえると信じてコシヒカリの栽培を続け、広めていきました。

全国でつくられているお米

お米は日本の47都道府県、すべてで生産されています。東京都や大阪府のように、面積がせまく、人口の多い都市でもつくられています。

生産量が多いのは関東以北

お米は、北は北海道から南は沖縄県まで、すべての都道府県でつくられています。たとえば東京都というと、ビルが立ちならぶ都市を思い浮かべるかもしれません。でも、地域によっては田んぼもあるのです。

また、サトウキビなどの生産が多い、沖縄県のような暑い地域でも、お米はつくられています。地域の気候や地形などに合わせて、お米の品種を選んだり、育て方をくふうすることで、日本全国で、お米を育てているのです。

ただ、作付面積や収穫量が多いのは、関東から北の地域です。作付面積も生産量も1位は新潟県、2位は北海道で、その後、東北の各県、関東北部の茨城県、栃木県などが続きます。

都道府県別作付面積ベスト10

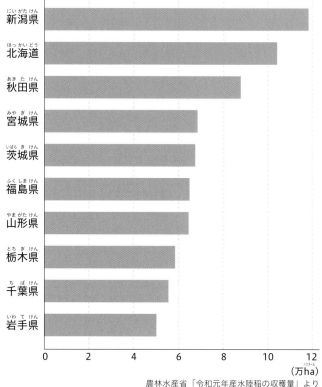

農林水産省「令和元年産水陸稲の収穫量」より

▼生産量は全国一少ないけれど、東京都でもお米はつくられている。写真は東京都八王子市の生産者。

（写真：澤井農場）

都道府県別年間生産量

農林水産省「令和元年産水陸稲の収穫量」より

▶ 1988（昭和63）年に「きらら397」が発売されると、北海道のお米に注目が集まった。かわいらしい品種名やパッケージで、新しい北海道のお米のイメージをつくった。

（写真：ホクレン農業協同組合連合会）

▲「おいしいお米」として新潟県から全国に広がった「コシヒカリ」。新潟県農業総合研究所にはコシヒカリの記念碑がある。

（写真：新潟県）

▶沖縄県のおもに伊平屋島で生産されている「ちゅらひかり」。2003（平成15）年に沖縄の言葉で「美しい」を意味する「ちゅら」から名前が付けられた。

（写真：沖縄県伊平屋村）

2位 北海道 58万8100t

3位 秋田県 52万6800t

1位 新潟県 64万6100t

■	50万t以上
	30万t以上
	10万t以上
	5万t以上
	1万t以上
□	1万t未満

日本全国でお米がつくられているけど、生産量は東日本がとくに多いね。ちなみに一番生産量が少ないのは、東京都の519tだよ

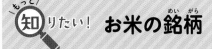

もっと知りたい！ お米の銘柄

　全国各地で生産されているお米は、名前を付けられて販売されます。この、お米に付けられる名前を「銘柄」といいます。銘柄には3つの種類があります。「コシヒカリ」のように品種名をあらわす「品種銘柄」、「新潟米」のように産地をあらわす「産地銘柄」、「魚沼産コシヒカリ」のように産地と品種を両方あらわす「産地品種銘柄」（➡4巻）です。

　数ある銘柄のなかでも、ある地域の特産として売り出されたり、食味ランキング（➡3巻 p.15、4巻 p.16）で高い評価を得て人気のあるお米を「ブランド米」（➡4巻 p.16）とよぶこともあります。

北海道地方の米づくり

寒い北海道は、米づくりに適さないと思われていましたが、
努力とくふうによって、よいお米をつくれる地域になりました。

◯ 不毛の大地から米どころへ

1873（明治6）年、中山久蔵氏という人が石狩地方で、寒さに強い「赤毛」という品種の米づくりに成功しました（➡6巻 p.33）。ここから北海道でのお米の生産が、本格的に始まります。冷害や水害に苦しめられながらも生産量をのばしますが、1970年代に入ると全国的にお米の消費量が減り、生産をひかえる減反政策が始まりました。

当時、北海道のお米は、収穫量ばかりが評価されていました。そこでおいしいお米をつくる努力が重ねられ、1988（昭和63）年、北海道のお米のイメージをかえる「きらら397」が誕生しました。このきらら397は、赤毛の子孫にあたります。

石狩平野

石狩川の下流は、植物が完全に分解されずに土の中に残り、くずれやすい「泥炭地」だった。山間地から土を運ぶなどの土地改良の結果、今の豊かな田んぼができあがった。

▲ 1950年代半ばから1960年代半ばころの土地改良中の石狩平野。

◀田んぼが広がる現在の石狩平野。

尻別川流域

蘭越町は尻別川流域の豊かな土壌と、天然のミネラルをふくんだ清流を生かしたお米を生産している。

▲蘭越町で生産されている「ゆめぴりか」は「らんこし米」の銘柄で売られている。

（写真：蘭越町役場）

名寄盆地

名寄市はもち米の作付面積が日本一。減反政策で大きな打撃を受けたため、1979（昭和54）年に、当時北海道産の評価が低かったうるち米を、この地域はすべてもち米に切りかえた。

▲やわらかくてねばりがある名寄産のもち米。伊勢（三重県）名物の和菓子「赤福」などにも使われている。

（写真：株式会社ノーザンクロス）

北海道 58万8100t

天塩平野
名寄盆地
天塩山地
北見山地
上川盆地
旭川市
東川町
石狩平野
夕張山地
札幌
蘭越町
釧路平野
十勝平野
日高山脈

寒い地域でもたくましく育つイネなんだね

北海道では「ななつぼし」「ゆめぴりか」などの品種が生まれたんだ

上川盆地

旭川市、東川町などでお米の生産がさかん。東川町では寒さに強く、味のよい「ほしのゆめ」や「ゆめぴりか」を生産し、地域ブランド「東川米」として販売している。

米づくりのくふう

夏場の日の長さに合ったイネ

　暖かい地域で育てられるイネは、季節の移り変わりを光で感じ取ります。夏至を過ぎて、昼間の長さが短くなることに反応し、穂を出すのです。同じイネを北海道で育てようとしても、北海道は夏場、日の出ている時間が長いため、同じようにはいきません。そこで、北海道では品種改良を重ねて、光よりも気温の変化に強く反応し、ほどよい時期に穂を出す品種のイネを栽培しています。

※夏至とは、1年でもっとも昼が長い日（6月21日か22日ごろ）。

 お米 まめ知識　この地図を見ると、稲作がさかんな地域は北海道のなかでも西側に多いことがわかるね。十勝平野では畑作が、さらに東側の地域では、牛を育てる酪農がさかんにおこなわれているんだ。

東北地方の米づくり

東北地方は北海道、新潟県とならぶ、日本の米どころです。寒い地域ではありますが、お米を育てるのによい条件があります。

豊かな水と寒暖差

東北地方では昔から、寒さに強いイネを育てるために品種改良や栽培技術の研究をしています。宮城県の「ひとめぼれ」、秋田県の「あきたこまち」、山形県の「はえぬき」など、全国的に生産されている多くの品種が誕生しました。雪が多いため雪解け水が豊かなこと、夏の気温が高くなりすぎず、昼と夜の寒暖差が大きいこともイネの生長に適しています。ただし、太平洋側では夏の時期に冷たい風「やませ」によって、気温が上がらずイネが実らない冷害を受けることもあります。

▲秋田平野の北にある大潟村には、八郎潟という湖（写真左）を※干拓してできた広い農地がある。もともと水はけが悪かったが、土地の改良をおこない、現在では農薬や肥料を減らした、環境に配慮した米づくりをしている。
(写真：大潟村役場)

もっと知りたい！ 東が凶作のとき、西は豊作？ 冷たい風「やませ」

やませは霧や低い雲をともなっているため、気温が下がり、太陽の光がさえぎられて、イネが育ちにくくなります。ただ、やませが東北地方の中央にある奥羽山脈にぶつかると、日本海側では暖かい風になって吹き降りてきます。そのため、日本海側では「宝風」とよばれています。

霧や低い雲

冷たく湿ったやませ

暖かく乾いた風

日本海側　奥羽山脈　太平洋側

山形県　40万4400t

豊富な雪解け水にめぐまれたお米の産地。2019（令和元）年には最大2万5137tを保管できる低温倉庫や、農産物検査場を備えた「庄内南部ライスステーション」がつくられた。

▲広い庄内平野の稲刈りのようす。奥に見えるのは鳥海山。

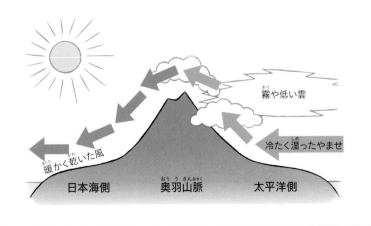

▲2019（令和元）年に完成した巨大な庄内南部ライスステーション
(写真：JA全農山形)

青森県　28万2200t

冷害で収穫量が大きく下がることがあるため、品種改良や、田んぼに一定期間水を入れてイネを保温するなど、寒さに強いお米を育てるための研究を続けてきた。2015（平成27）年には青森のおいしいお米として評価の高い「青天の霹靂」が誕生した。

秋田県　52万6800t

横手盆地と秋田平野は、県を代表するお米の産地。県で誕生した「あきたこまち」などを中心に生産する。

▲雄物川下流に広がる秋田平野の田んぼ。

寒い東北地方は昔から、地域で育てやすいイネの品種改良に取り組んできたんだ

岩手県　27万9800t

岩手県では西部の北上川流域の盆地が米どころとして知られている。県オリジナルの品種として、2016（平成28）年販売開始の「銀河のしずく」、2017（平成29）年販売開始の「金色の風」などがある。

▲伝統的な「天日干し」もおこなわれている奥州市の農家。　（写真：奥州市）

宮城県　37万6900t

宮城県大崎市の古川農業試験場からは、1963（昭和38）年の「ササニシキ」、1991（平成3）年の「ひとめぼれ」といった全国的に生産される品種が誕生している。

▲田んぼに囲まれた古川農業試験場では、新しい品種の開発や、イネの育て方、イネの病気や害虫の防ぎ方などの研究をおこなっている。

（写真：宮城県古川農業試験場）

福島県　36万8500t

太平洋側の浜通り地区を中心に、2010（平成22）年に誕生した県オリジナル品種「天のつぶ」が栽培されている。相馬市などを中心に作付面積を増やし、2016（平成28）年からはイギリスやシンガポールへ輸出されるなど、海外でも人気が高い。郡山盆地、会津盆地も米づくりがさかん。

地図中のラベル：
青森　津軽平野　大潟村　秋田　出羽　奥　出羽山地　秋田平野　横手盆地　鳥海山　最上川　庄内平野　北上　盛岡　北上高地　北上川　北上盆地　奥州市　大崎市　羽　山　仙台平野　仙台　山形　阿武隈川　脈　会津盆地　福島　郡山盆地　相馬市　阿武隈高地　浜通り　雄物川

お米まめ知識　「霹靂」とは稲妻（雷）のこと。昔から雷が多いと、豊作になるといわれてきたんだ。科学的にも、雷は空気中のチッソ（植物の栄養になる成分）を水にとけこませることがわかっているよ。

関東地方の米づくり

お米の生産地というイメージはあまりありませんが、収穫量が多く、また数多くの県オリジナル品種やブランド米があります。

第3の米どころ!?

米どころと聞いて、関東地方を思い浮かべる人は少ないかもしれません。でも実は、収穫量の全国トップ10には関東から3県が入っています。また、東京都八王子市や、神奈川県湘南地区にもブランド米があります。人口が多い関東地方では、お米も大量に必要になります。

お米を収穫したあと、小麦などを育てる二毛作をおこなっている地域も多く、田植えの時期や育てる品種もさまざまです。

もっと知りたい！ 関東で栽培される陸稲

田んぼではなく畑で栽培される陸稲は、茨城県や栃木県を中心に、おもに関東でつくられています。ほとんどがもち米で、あられやおかきの材料によく使われます。

▲▶栃木県宇都宮市の栃木県立宇都宮白楊高等学校では、宇都宮市で長く栽培がとだえていた陸稲の品種「エソジマモチ」を復活させ、おかきをつくる取り組みをしている。写真は地域の小学生と収穫をするようす。（写真：栃木県立宇都宮白楊高等学校）

（写真：一般社団法人とちぎ農産物マーケティング協会）

栃木県 31万1400t

飼料用米では2019（令和元）年の作付面積が日本一、またイネWCSも生産している。主食用のお米の生産量も関東第2位。イネWCSはウシの飼料用のイネで、葉、茎、もみをいっしょに収穫する。収穫したイネWCSをラップフィルムで包んで発酵させると、長期保存ができる飼料になる。

▲栃木県矢板市や塩谷町など栃木県の各地で生産されているウシの飼料用のイネ。発酵させてウシの飼料にする。（写真：塩谷南那須農業振興事務所）

埼玉県 15万4200t

2007（平成19）年8月に当時の日本最高気温40.9℃を記録した埼玉県熊谷市。この猛暑が、新品種開発のきっかけとなった。当時、農業試験場で育てていた約300種類のお米のほとんどすべてが、温度が高すぎてデンプンをうまくつくれなかった。その中に1種類だけ無事なイネがあった。このイネから暑さに強いお米「彩のきずな」が誕生した。

▲彩のきずなには、暑い日に根から多くの水を吸い上げて、葉や穂の温度を下げる特ちょうがある。

（写真：埼玉県農林部）

群馬県 7万5300t

二毛作が広くおこなわれている。二毛作の地域では愛知県生まれの「あさひの夢」や群馬県生まれの「ゴロピカリ」、お米のみを生産する地域では「コシヒカリ」の生産が多い。

茨城県 34万4200t

お米の生産量は関東一。おもに生産されている品種はコシヒカリで、「あきたこまち」や、県で開発された「ふくまる」「ゆめひたち」なども栽培されている。陸稲の収穫量は日本一で、全国の収穫量の70％以上をしめている。

矢板市
塩谷町
宇都宮
前橋
熊谷市
水戸
筑波山
関東平野
さいたま
新宿
千葉
八王子市
横浜
平塚市
房総半島
九十九里平野

▲茨城県産の品種、ふくまるとゆめひたち。
（写真：JA全農いばらき）

神奈川県 1万4300t

神奈川県のお米の生産地は、平塚市を中心とした湘南地域。「湘南そだち米」のブランドで、種もみを湯につけて消毒し、化学農薬の使用量を減らす栽培をしている。とくに平塚市で生まれた品種「はるみ」は、おいしいお米として評価されている。

▲湘南そだち米は、「はるみ」「キヌヒカリ」「さとじまん」の3品種。　（写真：JA湘南）

東京都 519t

八王子市高月町は、東京都のお米の産地で、田んぼが広がっている。生産されたお米は「高月清流米」として販売されている。

千葉県 28万9000t

温暖な気候を生かし、関東でもっとも早く収穫が始まる地域。九十九里平野や房総半島中南部の丘陵地帯など各地でお米が生産されている。品種はコシヒカリを中心に、県内でつくられた「ふさこがね」「ふさおとめ」など。

▲早生品種のふさおとめは、8月中旬には稲刈りが始まる。
（写真：株式会社ちから米穀）

お米まめ知識 茨城県では久慈川、那珂川、鬼怒川など、豊富な水源を活用した米づくりがおこなわれているんだ。また、筑波山の南西で育てられている特別栽培米（➡2巻 p.27）のコシヒカリも高く評価されているよ。

中部地方の米づくり

日本最大の米どころのひとつ、新潟県があります。 そのほかの地域でも、環境に合わせて、さまざまなお米をつくっています。

環境に合わせた米づくり

日本を代表する米どころの新潟県をはじめ、日本海側の地域は、広い平野が多く、お米づくりが農業の中心となっています。たとえば種もみの出荷量が日本一の富山県は耕地の95%が田んぼです。

また、長野県や岐阜県など中央部の地域は、高い山やまに囲まれています。こうした地域でも、盆地や山の傾斜地などを利用してお米はつくられています。

米づくりのくふう 富山の種もみ

富山県はお米の種となる種もみの産地です。さまざまな品種の種もみを43都府県へ出荷していて、富山県から県外への種もみ出荷量は全国一です。

県の5か所に種子場とよばれる種もみを育てる田んぼがある。気候や自然条件がよく、栽培できる品種の範囲が広い。

▲種もみの品質を管理する検査。

（写真：富山県主要農作物種子協会）

石川県 13万3000t

ブランド米「神子原米」は、石川県羽咋市神子原地区で育てた「コシヒカリ」。2005年、東京の大使館を通じてローマ教皇にこのお米を献上したことが話題になり、高く評価されるようになった

▲神子原地区にある棚田。

富山県 20万5700t

富山県の砺波平野は、広い耕地の中に、民家がはなれて立つ散居村（散村）の風景で知られている。

◀砺波平野の散居村（散村）。

福井県 13万500t

全国でいちばん生産量が多い品種コシヒカリは、福井県の農業試験場で誕生した。同じ試験場で開発された「ハナエチゼン」は、早く収穫できる早生の品種。

岐阜県 10万8500t

北部の飛騨地域では「飛騨コシヒカリ」、南部の美濃地域では「美濃コシヒカリ」とこの地域でしか生産されていない「美濃ハツシモ」が代表的なお米。

（写真：JA全農岐阜）

◀初霜が降りるころまで、じっくり育てたというのが名前の由来。

新潟県　64万6100t

米どころ新潟県のなかでもとくに有名な「新潟県産コシヒカリ」。コシヒカリには、味や品質はよいものの、茎が長くのび倒れやすい、いもち病に弱いという欠点があった。しかし新潟県では、栽培技術を研究し、育て方のポイントの情報を発信して、生産を広めていった。

▲新潟産のなかでもおいしいと評価の高い「南魚沼産コシヒカリ」の実りのようす。

▲伊那市周辺のカントリーエレベーター。
（写真：株式会社マイパール長野）

越後平野

信濃川

新潟

阿賀野川

越後山脈

南魚沼市

羽咋市（神子原地区）

富山
富山平野
砺波平野

金沢
金沢平野

福井
福井平野

飛驒市

飛驒山脈

松本盆地

木曽山脈

赤石山脈

長野
長野盆地

伊那市

甲府
甲府盆地
富士山

御殿場市

新城市（四谷地区）

美濃市

岐阜

濃尾平野

名古屋

浜松

浜名湖

木曽川

天竜川

静岡

長野県　19万8400t

すずしく、雨が少ない気候により病害虫の発生が少ないため、農薬使用も少ない。南部の伊那市周辺は、全国でもトップレベルのカントリーエレベーター（→3巻 p.10〜11）が整備された地域になっている。

山梨県　2万6500t

果樹の生産がさかんで、田んぼより畑が多い。釜無川流域（武川筋）で生産される米は、「武川米」とよばれ、江戸時代には将軍に献上したといわれている。

静岡県　8万1200t

富士山のふもと御殿場の「ごてんばこしひかり」などの地域ブランド米がある。またお米の消費量は静岡市が全国で第2位、浜松市が第4位と、お米好きの県。

愛知県　13万7200t

濃尾平野が名産地。また、愛知県新城市四谷地区では、鎌倉時代ごろから湧き水を使って稲作がおこなわれていた。標高220mから420mまでの斜面に石積みの棚田が広がっている。地域では歴史ある棚田を保存する努力が続けられている。

▲1枚の面積が小さい棚田は、大型の機械が使えず手作業が増えるなど生産の苦労も多い。地域の人たちは、次の世代へ残すために棚田を守り続けている。
（写真：小山舜二）

ごてんばこしひかり
gotemba koshihikari

◀富士山と田んぼに映るさかさ富士にお米を組み合わせた、ごてんばこしひかりのマーク。
（写真：JA御殿場）

※総務省統計局「家計調査（二人以上の世帯）品目別都道府県庁所在市及び政令指定都市（※）ランキング（2016年（平成28年）〜 2018年（平成30年）平均）」より。なお、1位は札幌市、3位は宇都宮市。

お米まめ知識　富山県の砺波平野の散居村では、家のまわりを「カイニョ」とよばれる林で囲っているよ。夏の日差しや冬の寒さ、雨や雪をともなう風などから家を守るための、昔ながらのくふうなんだ。

近畿地方の米づくり

酒米やもち米など地域の産業と結びついたお米の生産や、
地域の生きものや環境を守る米づくりもおこなわれています。

○ 産業や自然と結びつく

日本酒の生産量が日本一の兵庫県は、酒米（酒造好適米）の生産量も日本一です。また滋賀県では、評価の高く高級和菓子に使われる「滋賀羽二重糯」というもち米をつくっています。お米の生産は、地域の産業とも結びついています。

滋賀県では米づくりをおこないながら、琵琶湖の魚を田んぼで育て、魚が住みやすい環境をつくる取り組みもおこなっています。

米づくりのくふう　環境を守る米づくり

日本から野生のコウノトリが絶滅したのは、1971（昭和46）年のこと。日本最後のコウノトリがいた兵庫県の豊岡市では、長く人工飼育に取り組み、100羽以上が野生に復帰しています。但馬地域では、コウノトリのエサ場を守るため、自然環境にやさしい米づくりをおこなっています。

▲豊岡市を中心に但馬地域で育てられているブランド米「コウノトリ育むお米」の田んぼ。（写真：JAたじま）

兵庫県　18万2900t

兵庫県神戸市灘区から西宮市にかけては、酒造りがさかんな地域。兵庫県は酒の原料となる酒米の生産量が日本一。

▲全国の酒米の約30％を生産している兵庫県の酒米の田んぼ。

◀兵庫県播磨平野で誕生した酒米「山田錦」は、全国の生産量の約60％が兵庫県でつくられている。

お米づくりが地域のくらしと結びついているところが多いよ

大阪府　2万4300t

茨木市、能勢町など中山間地域がお米の生産の中心。品種は平野部では「ヒノヒカリ」、中山間部は「キヌヒカリ」が多い。

和歌山県　3万1400t

▲缶入りの熊野米パン、熊野米からつくられたお酒もある。
（写真：熊野米プロジェクト）

ミカン、ウメなど果樹の栽培がさかんな和歌山県。田辺市など紀南地域でつくられているブランド米「熊野米」には、雑草の生長をおさえるために、梅干しをつくり終わったあとの調味液が使われている。

36　　お米まめ知識　都市や平地以外の地域（おもに山のまわりの地域）のことを中山間地域というよ。人口が少ない地域が多いけれど、2015年のデータでは日本のおよそ7割の土地が、中山間地域だといわれているんだ。

京都府 7万2700t

「祝」は1933（昭和8）年に京都府で誕生した酒米。良質の酒米として評価されていたが、戦争による食糧難などから栽培がとだえていた。しかし1980年代後半から京都市の伏見酒造組合と農家が力を合わせて、「祝」を復活。府内の蔵元だけが使える特別な酒米となっている。

▲丸山千枚田の風景。

三重県 13万200t

伊勢平野に田んぼが広がるほか、熊野市の丸山地区には千枚田とよばれる棚田（➡p.15）がある。歴史的遺産として多くの観光客を集めており、景観を守るために全国からオーナーを募集し、保全活動を続けている。

豊岡市

福知山盆地

丹波高地

由良川

近江盆地

琵琶湖

鈴鹿山脈

能勢町

京都

大津

野洲市

伊勢平野

西宮市

茨木市

神戸

大阪平野

奈良

奈良盆地

津

播磨平野

大阪

和歌山

紀ノ川

紀伊山地

滋賀県 16万1400t

野洲市でおこなわれている「魚のゆりかご水田プロジェクト」は、田んぼの排水路に魚道をつくり、魚が琵琶湖と田んぼを行き来できるようにする方法。フナやコイ、ナマズなどの魚が田んぼで産卵・成長できる環境をつくっている。

熊野市

田辺市

旅野川

奈良県 4万3700t

奈良県のお米のおもな生産地は奈良盆地。大小合わせて4000をこえるため池がある。雨が少ないほか、お米と麦を育てる二毛作が多いため、麦のために田んぼから水をぬく必要があり、ため池が重要となった。

▲あちこちに小さなため池が見える奈良盆地の農地。

▲排水路に階段のような段差をつけて、魚が田んぼにさかのぼれるようにする魚道。　（写真：滋賀県）

中国・四国地方の米づくり

中国・四国地方は、地域によって大きく気候がちがいます。
地域の気候に合わせた品種選びや育て方のくふうをしています。

水が多い地域、少ない地域

中国地方の北部、鳥取県や島根県は、冬に雪が多い地域です。豊かな雪解け水を生かした米づくりができます。

山地をはさんで南側の岡山県、広島県や、四国の香川県、愛媛県などは、瀬戸内気候とよばれる、1年を通して晴れの日が多く、雨の少ない気候です。この地域では、古くからお米づくりがさかんでした。雨水などをたくわえておくため池をつくり、雨が少ない気候に対応しています。

米づくりのくふう

ため池の密度が日本一の香川

香川県は、ため池の数は兵庫県、広島県に次いで全国第3位ですが、県の面積が小さいため、ため池の密度では日本一。香川県の田んぼの50％以上がため池の水を使い、お米づくりをしています。

▲香川県讃岐平野に見られるため池。

岡山県　15万5600t

県内で気温や標高に差があるため、地域にあった品種選びをしている。標高が高く気温の低い県北部では「コシヒカリ」などが、高原や盆地に棚田の多い中部では「ヒノヒカリ」などがつくられている。県南部に広がる岡山平野では、明治時代につくられ、今では岡山県でしかつくられていない「朝日」「アケボノ」などの生産が多い。

▲中国・四国地方でいちばん収穫量の多い岡山県南部の水田。
（写真：岡山県）

▲中山間地での生産に合ったオリジナル品種。
（写真：山口農協直販株式会社）

山口県　9万1500t

瀬戸内沿岸ではヒノヒカリ、標高が低い地域では「ひとめぼれ」の生産が多いが、中山間地域では県産の品種「晴るる」が多くつくられている。

広島県　11万3300t

平野部のヒノヒカリなど、地域の気候や環境に合わせたお米づくりをしているため、栽培品種が多い。広島県でつくられた「あきろまん」は収穫の「秋」と広島の古いよび名の「安芸国」をかけたネーミング。

▲広島県生まれの「あきろまん」。
（写真：JA全農ひろしま）

徳島県　5万2400t

徳島平野が名産地。コシヒカリや「キヌヒカリ」のほかに、生産が増えつつあるのが「あきさかり」という品種。暑くても品質が落ちにくい、背が低く倒れにくい、収穫量が多いといった長所がある。

▶誕生は福井県。徳島県が注目して積極的に取り入れた。
（写真：JA全農とくしま）

お米まめ知識　岡山県の一部では、昔から乾いた田んぼに直接種もみをまいて、お米を育てる方法をおこなっているよ。苗を育てたり（➡2巻 p.10）田植えをしたり（➡2巻 p.16）といった手間を節約できるんだ。

島根県　8万7500t

島根県石見高原でつくられているのが、「石見高原ハーブ米」。レッドクローバー、クリムソンクローバーというハーブを田んぼに植えて、土にすきこんで肥料にする。化学肥料を使わず、農薬の量も通常の半分以下で育てられている。

▲肥料に使うハーブの花。

▲田んぼに咲いているハーブは、トラクターで土にまぜる。
（写真：JA しまね・島根おおち地区本部）

鳥取県　6万5300t

カレールウの消費量が多く、カレー好きが多い鳥取県で開発されたのが、カレーに合うお米「プリンセスかおり」。インドなどでつくられる高級香り米と日本の「いのちの壱」を交配した。

▲カレーのほかパエリアやピラフなどにも合う食感。
（写真：鳥取県）

瀬戸内地域は
雨が少ない
けれど、
昔から米づくりが
さかん
だったんだ

松江

石見高原

中国山地

津山盆地

鳥取

岡山

岡山平野

広島平野

広島

高松

讃岐平野

徳島平野

徳島

山口

松山

四国山地

四万十川

高知

高知平野

愛媛県　6万3900t

コシヒカリや「ヒノヒカリ」を中心に生産。県産の品種「媛育71号」を、飼料用や加工用に栽培している。西予市は古くからの米どころ。

西予市

香川県　5万6500t

「うどん県」として有名な香川県が、はじめて県で開発したオリジナル品種。夏の高温で品質が落ちる問題を解決し、味でも評価を得るというふたつの目標をクリアして誕生した。

高知県　4万7900t

年間の平均気温が高い高知県では、高知平野を中心に米の二期作がおこなわれてきた。お米の需要が減ってきているため、第2期作を酒米にするなどのくふうもされている。

▲7月下旬に超早場米を収穫したあとの田んぼに、酒米の田植えをする高知県の農家。酒米の収穫は10月下旬になる。
（写真：高知新聞）

▶「おいでまい」は、香川県の方言で「いらっしゃい」という意味。
（写真：JA 香川県）

39

九州地方の米づくり

特色は温暖な気候を生かした早期栽培や二期作です。
一方で、暑さとの戦いも重要です。

ヒノヒカリから始まった

1989（平成元）年、宮崎県総合農業試験場で「ヒノヒカリ」という品種がつくられました。暖かい地域での栽培に適したお米で、その味が評価され、まず九州地方、次いで中国・四国地方へと広がり、東の「コシヒカリ」にならぶ西の横綱といわれるようになりました。

近年は地球温暖化が進んだこともあり、ヒノヒカリでも耐えるのがむずかしい気候になりつつあります。この変化に負けない品種を生み出すため、品種改良が続けられています。

米づくりのくふう
暑い季節に負けない品種をつくり出す

九州沖縄研究センターで開発された「にこまる」、熊本県のくまさんシリーズ、宮崎県の「おてんとそだち」など、各地でヒノヒカリに負けないおいしさで、しかも気候の変化に耐える品種を生み出すための努力が続けられています。

佐賀県 7万1800t

お米の生産の中心になっているのは南部の佐賀平野（筑紫平野の西部）。うるち米ではコシヒカリなどのほかに、県で生まれた品種「さがびより」「夢しずく」などがつくられている。もち米の収穫量は全国トップクラスで、「佐賀よかもち」はもち、おかき、あられなどに使われている。

▲佐賀県のもち米ブランド「佐賀よかもち」。

（写真：JAさが）

熊本県 16万800t

広大な熊本平野を有する西日本有数の米どころで、1997（平成9）年に開発したオリジナル品種「森のくまさん」はおいしいお米のランキングで日本一になった。おいしさと耐暑性（暑さへの強さ）をかね備えたお米をつくるために、品種改良が続けられており、2009（平成21）年に「くまさんの力」、2018（平成30）年に「くまさんの輝き」が登場している。

▲熊本県のくまさんシリーズ。「熊水そだち」のパッケージの品種は「くまさんの力」。（写真：くまもと売れる米づくり推進本部）

沖縄県 2000t

沖縄本島の名護市などのほか、伊平屋村、石垣市などで日本一早い二期作がおこなわれている。石垣市では早いところでは1月末に田植えをし、5月末に収穫、ふたたび6月に田植えをして10月末に収穫する。また沖縄のお酒「泡盛」の原料にはタイ米が多く使われているが、原料になる米（インディカ米）を沖縄県で生産する計画が始まっている。

▶1月の終わりに、「ひとめぼれ」の1回目の田植えをする石垣市の農家。

（写真：みやぎ米屋株式会社）

お米まめ知識 熊本県のお米は、江戸時代には東の大関「加賀米（加賀は現在の石川県南部）」とならぶ、西の大関「肥後米」といわれていたんだ。西日本でも有数のお米の名産地として、昔から全国に知られていたんだね。

福岡県　15万8900t

縄文時代末期から稲作がおこなわれてきたことがわかっている、米づくりの歴史の長い地域。県内を流れる筑後川流域の平野などを中心にお米づくりがさかんで、県オリジナルの品種には「夢つくし」や「元気つくし」などがある。（写真：JAグループ福岡）

長崎県　5万1900t

佐世保市では、ドローンで棚田1枚ごとの状況を管理する、「e-Tanada」の試みがおこなわれている。ドローンで成長の具合を見て、除草する場所の優先順位や、追肥をする場所などを決める。

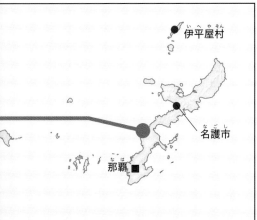

◀後継者不足の棚田を守るため、佐世保市鹿町で進行中のe-Tanadaプロジェクト。
（写真：渕上千央）

福岡
筑紫山地
筑紫平野
佐賀
佐賀平野
佐世保市
長崎
熊本平野
熊本
九州山地
中津平野
宇佐市
豊後高田市
大分
筑後川
宮崎平野
大淀川
宮崎
鹿児島
薩摩半島
大隅半島
種子島

大分県　8万9600t

県北部の平野は、大規模農家が多いお米の生産の中心地。宇佐市や豊後高田市では、主食用のお米のほかに飼料用米もつくられている。

▲宇佐市や豊後高田市などの飼料米で育つ、大分県のブランド牛「豊後・米仕上牛」。
（写真：豊後・米仕上牛販売拡大協議会）

伊平屋村
名護市
那覇
石垣市

▲大粒でもちもちした食感の「なつほのか」。
（写真：鹿児島パールライス株式会社）

鹿児島県　8万8500t

種子島や大隅半島、薩摩半島の南部では、7月中旬から収穫する早場米のコシヒカリなどをつくっている。普通時期の「あきほなみ」、早場米の「なつほのか」など県オリジナル品種も人気が高い。

宮崎県　7万4900t

第1期作に超早場米を生産する二期作がおこなわれていたが、秋は台風が多く、稲作でも大きな被害を受けていた。生産調整がおこなわれるようになると、県南部を中心に秋収穫の第2期作をやめ超早場米だけをつくる農家が多くなった。

▲宮崎県産の超早場米。
（写真：株式会社あさひパック日南海岸黒潮市場）

もっと知りたい！

世界の米づくり

お米は日本だけでなく、アジアを中心に、アメリカやヨーロッパ、オーストラリア、アフリカなど、世界各国でつくられています。

▍米の生産はアジアが中心

　世界のお米の生産量は、1位中国、2位インド、3位インドネシアと続き、トップ10はほとんどがアジアの国です。そしてその10の国が全生産量の80%以上をしめています。でもお米はアジアだけの食べものではありません。たとえば、ヨーロッパではパエリアやリゾット、アフリカではセネガルのジョロフライスなど、お米を使った料理は世界の各地にあります（➡5巻 p.44〜45）。またアフリカでは、人口の増加に対応するため、収穫量の多いアジアのお米やネリカ米（➡3巻 p.45）などの生産が増えています。

米づくりに特ちょうのある5つの国を紹介するよ

タイ

▶低地の広い田んぼは、トラクターを使って作業。
（写真：株式会社クボタ）

◀チェンマイの水田でおこなわれている田植え。

古くから水稲栽培のさかんな国。広い低地の大きな水田では、機械化が進んでいるが、伝統的な方法で稲刈りや田植えをしている地域もある。生産量は世界ベスト10に入り、輸出量はトップクラス。主要なお米はインディカ米で、日本にも輸出されている。

気候は雨季と乾季に分かれるが、灌漑施設がしっかりしているため、二期作や三期作もおこなわれる。バリ島には900年以上前から、集めた水を分け合う「スバック」という農家の組合がいくつもあり、スバックによって保たれた棚田は、世界文化遺産に登録されている。

インドネシア

▶世界遺産にもなっているバリ島の棚田。
（株式会社クボタ）

お米まめ知識　南米のブラジルでは、おもな食事としてインディカ米（➡ P.10）が食べられているよ。お米を油で炒めてから炊いた「アロス」に、マメを煮た「フェイジョン」をかけて食べるのが定番メニューなんだ。

中国

▲中国、雲南省で見られる棚田。この地域では伝統的な方法で稲作が続けられている。

お米の生産量世界一の中国では、二期作を中心に、地域によってさまざまな米づくりがおこなわれている。最大の生産地、長江（揚子江）の流域では、収穫量の多いハイブリッド米が多くつくられている。雲南省には棚田が広がり、中国最北部の黒龍江省では、「稲花香」というブランド米を育てている。

※ハイブリッド米とは、別の品種のイネを交配（➡ 4巻 p.20）してつくられる、1 世代だけのお米。かけ合わされたイネは収穫量が増えるが、2 代目は安定しないため、種もみは残さない。

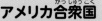

アメリカ合衆国

◀飛行機や大型機械を使い、広い土地を活用してお米をつくる。
（写真：USA ライス連合会）

田植えをしないで、水を入れた田んぼ、または乾いたままの田に飛行機などで直接種もみをまくほか、レーザー誘導の整地機械を使って土を平らにする、専用の機械で種を落とすところに細かなみぞを掘るなど、大規模で機械化された米づくりをしている。

◀稲刈りの機械といっしょにトラックを走らせ、もみを直接積みこむ。サイズも巨大。
（写真：USA ライス連合会）

1905 年に移住した日本人、高須賀穣氏がオーストラリアで米づくりを始めた。ジャポニカ米の生産も多く、日本にも輸出されている。田植えはおこなわず、飛行機やトラクターで種もみをじかにまき、巨大なコンバインなどで収穫する。しかし雨が少ない地域なので、水は貴重。干ばつの被害もある。

オーストラリア

◀オーストラリアの田んぼと高須賀夫妻。日本では、「穣の一粒」という高須賀氏の名前がつけられたオーストラリアのブランド米が販売されている。
（写真：住商フーズ株式会社）

米づくりについてもっと知ろう！

日本は全国各地に、米づくりの知識や歴史について学べる施設があります。
また、米づくりについてくわしく解説するウェブサイトもあります。
お米の知識をさらに深めましょう。

お米について学べる施設

食と農の科学館

日本の農林水産業に関する新しい研究成果や技術などを紹介しており、毎日のくらしを支えてくれる食品と農業について、楽しみながら学べます。温暖化に強いお米や飼料用のお米など、いろいろな品種の特ちょうや、古代から現代までの稲作の歴史を見てみましょう。

- 住所　　茨城県つくば市観音台3-1-1
- 電話番号　029-838-8980
- 開館時間　9:00〜16:00
- 休館日　年中無休（※年末年始、臨時休館をのぞく）

◀お米の内部構造がわかる模型。広い施設内には、お米だけでなく果物や野菜、畜産の展示もある。

（写真：農研機構）

▶昔の農具の展示や、実際のイネを見られる作物見本園など、実物を見ることができる。

静岡市立登呂博物館

弥生時代の田んぼが発見された場所、登呂遺跡と一体になった体験型の博物館です。古代の稲作で使われていた道具が展示されているだけでなく、古代の生活を体験することができます。また、弥生時代の人が着ていた服を再現した衣装も用意されています。

- 住所　　静岡県静岡市駿河区登呂5-10-5
- 電話番号　054-285-0476
- 開館時間　9:00〜16:30
- 休館日　月曜日（祝日の場合はその翌日）、祝日・振替休日の翌日、年末年始（12/26〜1/3）

◀屋外には竪穴式住居のほか、高床倉庫や田んぼが復元されている。

▶土、日、祝日には、復元された田んぼでとれた赤米を、土器で炊いている。赤米は試食できる。

体験交流型 農業公園 道の駅 アグリパーク竜王

田植えや稲刈り体験をはじめ、季節に合わせて米や果物、野菜などに関係した体験教室に参加できます。また、パーク内にある竜王町農村田園資料館では、昭和時代の農村のくらしや、昔の道具が見られます。地域の農産物を買ったり食べたりすることもできます。

- 住所　　滋賀県蒲生郡竜王町山之上6526
- 電話番号　0748-57-1311
- 開館時間　9:00〜18:00
　　　　　　（施設により異なる）
- 休館日　6月〜9月無休
　　　　　　上記以外は月曜日（祝日の場合は火曜日）

▲毎年、5月には田植え体験、9月には稲刈り体験がおこなわれている。

お米ギャラリー 庄内米歴史資料館

稲作の歴史や米づくりの流れを解説する資料館です。この地域に伝わる、伝統的なお米の倉庫「山居倉庫」のひとつを改装してつくられました。倉庫での作業のようすや、農家のくらしを再現したジオラマがあります。

- ●住所　　山形県酒田市山居町1-1-8
- ●電話番号　0234-23-7470
- ●開館時間　9:00～17:00（12月は16:30閉館）
- ●休館日　　12月29日～2月末日

宇和米博物館

木造の旧校舎を移築改装した、お米の博物館です。昔の農機具や米俵など、昭和時代の米づくりに関する資料を展示しています。館内にあるカフェでは、利き米（「うわ米」と全国のブランド米の食べくらべ）もできます。

- ●住所　　愛媛県西予市宇和町卯之町2-24
- ●電話番号　0894-62-6517
- ●開館時間　9:00～17:00
- ●休館日　　毎週月曜日（祝日に当たる場合はその翌日）、年末年始

大潟村干拓博物館

大規模な干拓がおこなわれた大潟村の歴史と、干拓の技術について学べる博物館です。写真やジオラマで干拓の方法を解説しています。また、大潟村の自然のようすや、水を管理するシステムについても分かります。

- ●住所　　秋田県南秋田郡大潟村字西5-2
- ●電話番号　0185-22-4113
- ●開館時間　9:00～16:30（入館は16:00まで）
- ●休館日　　4月～9月：毎月第2・第4火曜日（祝日の場合はその翌日）、10月～3月：毎週火曜日（祝日の場合はその翌日）、12月31日～1月3日

宮崎大学農学部 附属 農業博物館

古代の稲作の方法や、地域の農業について、くわしく知ることができます。イネのプラント・オパール（➡ 6 巻 p.7）を観察できるコーナーがあります。田んぼの地層を断面にして固めた、標本もあります。

- ●住所　　宮崎県宮崎市学園木花台西1-1　宮崎大学木花キャンパス内
- ●電話番号　0985-58-2898
- ●開館時間　9:00～16:00
- ●休館日　　土曜日・日曜日・祝日・年末年始（※大学祭、大学開放日は開館）

💻 お米について学べるウェブサイト

クボタのたんぼ

田んぼが自然の中でどのような役割を果たしているのか、お米がどうやってつくられているのかなど、田んぼに関係した情報を調べられます。写真や図を豊富に使ってわかりやすく解説しています。

（協力：株式会社クボタ）

お米の国の物語

米どころ新潟県の自然環境や、米づくりの方法についてわかるほか、お米をおいしく食べる方法も解説しています。せんべいやあられなど、お米を使ったお菓子の歴史についても学べます。

（協力：亀田製菓株式会社）

米の消費拡大情報サイト「やっぱりごはんでしょ!」

農林水産省が「お米の消費拡大」を目的に運営するサイトです。ごはんの栄養がわかる情報や、ごはんや米粉を使った料理のレシピなどがあります。また、全国各地のお米に関係するイベントも紹介しています。

米穀機構　米ネット

お米に関するさまざまなデータが掲載されています。「お米ものしりゾーン」には、お米が持つ健康によい効果や、お米料理のまめ知識など、学習に役立つ読みものがあります。

※このページの情報は、2020 年2 月現在のものです。

さくいん

ここでは、この本に出てくる重要な用語を50音順にならべ、
その内容(ないよう)が出ているページ数をのせています。
調べたいことがあったら、そのページを見てみましょう。

監修

辻井良政（つじいよしまさ）

東京農業大学応用生物科学部教授、農芸化学博士。専門は、米飯をはじめとする食品分析、加工技術の開発など。東京農業大学総合研究所内に「稲・コメ・ごはん部会」を立ち上げ、お米の生産者、研究者から、販売者、消費者まで、お米に関わるあらゆる人たちと連携し、未来の米づくりを考え創出する活動もおこなっている。

佐々木卓治（ささきたくじ）

東京農業大学総合研究所参与（客員教授）、理学博士。専門は作物ゲノム学。1997年より国際イネゲノム塩基配列解読プロジェクトをリーダーとして率い、イネゲノムの解読に貢献。現在は、「稲・コメ・ごはん部会」の部会長として、お米でつながる各業界関係者と協力し、米づくりの未来を考える活動をけん引している。

装丁・本文デザイン　周 玉慧、Studio Porto
DTP　Studio Porto
協力　東京農業大学総合研究所研究会
　　　（稲・コメ・ごはん部会）
　　　山下真一、梅澤真一（筑波大学附属小学校）
編集協力　酒井かおる
キャラクターデザイン・マンガ　森永ピザ
イラスト　鴨下潤、髙安恭ノ介、多田あゆ実、田原直子
地図制作協力　株式会社千秋社
校閲・校正　青木一平、村井みちよ
編集・制作　株式会社童夢

イネ・米・ごはん大百科
❶ 日本の米づくりと環境

発行　　2020年4月　第1刷
監修　　辻井良政　佐々木卓治
発行者　千葉 均
編集　　崎山貴弘
発行所　株式会社ポプラ社
　　　　〒102-8519　東京都千代田区麹町4-2-6
　　　　電話　03-5877-8109（営業）
　　　　　　　03-5877-8113（編集）
　　　　ホームページ　www.poplar.co.jp（ポプラ社）
印刷・製本　凸版印刷株式会社

ISBN978-4-591-16531-7　N.D.C.616／47p／29cm Printed in Japan

P7215001

取材協力・写真提供

輪島市交流政策部観光課／関東農政局／澤井農場／新潟県／沖縄県伊平屋村／蘭越町役場／株式会社ノーザンクロス／大潟村役場／JA全農山形／奥州市／宮城県古川農業試験場／塩谷南那須農業振興事務所／栃木県立宇都宮白楊高等学校／一般社団法人とちぎ農産物マーケティング協会／埼玉県農林部／JA全農いばらき／JA湘南／株式会社ちから米穀／富山県主要農作物種子協会／小山舜二／株式会社マイパール長野／JA全農岐阜／JA御殿場／JAたじま／熊野米プロジェクト／滋賀県／JAしまね・島根おおち地区本部／JA全農ひろしま／JA全農とくしま／岡山県／鳥取県食のみやこ推進課／山口農協直販株式会社／高知新聞／JA香川県／JAさが／くまもと売れる米づくり推進本部／みやぎ米屋株式会社／JAグループ福岡／渕上千央／鹿児島パールライス株式会社／豊後・米仕上牛販売拡大協議会／株式会社アサヒパック／日南海岸黒潮市場／株式会社クボタ／USAライス連合会／住商フーズ株式会社／農研機構／株式会社みらいパーク竜王／一般社団法人ZENKON-nex／大潟村干拓博物館／宮崎大学農学部／亀田製菓株式会社／公益社団法人米穀安定供給確保支援機構

写真協力

株式会社アフロ／株式会社アマナイメージズ／株式会社フォトライブラリー／ピクスタ株式会社

イネ・米・ごはん大百科

全**6**巻

監修 辻井良政
佐々木卓治

◆ 全国各地の米づくりから、米の品種、料理、歴史まで、お米のことがいろいろな角度から学べます。

◆ マンガやたくさんの写真、イラストを使っていて、目で見て楽しくわかりやすいのが特長です。

小学校中学年から A4変型判／各47ページ
図書館用特別堅牢製本図書